Dr. Dietrich Volkmer

Ein Universum voller Fragen

Anfang und Ende

MIX
Papier aus verantwortungsvollen Quellen
Paper from responsible sources
FSC® C105338

Dr. Dietrich Volkmer

EIN UNIVERSUM VOLLER FRAGEN

Anfang und Ende

Die Deutsche Nationalbibliothek verzeichnet diese Publikation in der Deutschen Nationalbibliografie; Deteaillierte bibligrafische Daten sind im Internet über http://dnb.ddb.de abrufbar

Text, Layout und Umschlaggestaltung: Dr. Dietrich Volkmer
www.literatur.drvolkmer.de

Internet-Seiten
www.literatur.drvolkmer.de
www.privat.drvolkmer.de
www.buchtipps.drvolkmer.de
www.drvolkmer.de

Für den Text wurden keine Programme wie ChatGPT verwendet
Bilder im Text: Landschaftsgenerator: Bryce 3D

Verlag:
BoD · Books on Demand GmbH, Überseering 33,
22297 Hamburg, bod@bod.de
Druck:
Libri Plureos GmbH, Friedensallee 273, 22763 Hamburg
Printed in Germany

ISBN: 978-3-7583-6743-4

Inhaltsverzeichnis

Vorwort zur 2. erweiterten und ergänzten Auflage 7
Zum Anfang oder als Vorwort eine Frage 8
Zur Vorgeschichte 9
Wie findet man zur Astronomie? 11
Unser Eingebundensein 14
Der Anfang 15
Zeit - die Begleitkomponente von allem, das existiert 21
Wie kommt das Licht in diese Welt? 23
Das Rätsel der Dunklen Materie 26
Die Nukleonen, Protonen und Neutronen - Baustoffe des Universums 28
Gravitation - die geheimnisvolle kosmische Komponente 30
Ist im Universum etwas schneller als Licht? 32
Alles dreht sich - das Rätsel der Rotation 35
Der sechsdimensionale Kosmos von Burghard Heim 36
Das Rätsel der Schwarzen Löcher 40
Die Protonen-Mörder 41
Wie kommt das Wasser in unsere Welt? 43
Wasser und Leben 46
Der große Exodus aufs trockene Land 47
Die große Trennung 48
Sand - Zeit - Vergänglichkeit 50
Kommunikation mit und und unter Pflanzen 52
Ein kurzer Anhang zu „schneller als Licht“ - Kommunikation unter Tieren 54
Fast am Ende - Sieben Punkte zum Nachdenken 55
Schluss-Gedanken 56
Das Ende 58
Literatur 59
Weitere Literatur des Autors 61

Der gläubige Mensch auf der Suche

Vorwort zur 2. erweiterten und ergänzten Auflage

Die vielen Fragezeichen auf dem Titelbild lassen schon ahnen: Es geht um den Versuch, etwas zu klären.

Wer Fragen stellt, erwartet auch Antworten. Das sind wir – das hoffe ich zumindest – schon von unseren Kindern gewohnt.

In diesem Buch ist es ein wenig anders.

Ich stelle Fragen in den Raum, aber immer wieder heisst die resignierende Antwort

Wir wissen es nicht!

Nicht nur einmal, sondern immer wieder!

Sollte man aufhören, Fragen zu stellen. Nein!

Denn eine Fragestellung bedeutet immer, dass man Interesse zeigt, wissbegierig ist.

Früher, bzw ganz früher war es anders: Da lag alles in den Händen der Götter.

Die erste Kultur, auf jeden Fall in unserer westlichen Kultur, die sich damit nicht zufrieden gab waren die Vorsokratiker an den „Küsten des Lichts“, wie Peter Bamm es treffend formulierte,. Sie begannen Fragen zu stellen und begannen damit, die Götter ein wenig ins Abseits zu drängen. Ihre Ideen und Vorstellungen habe ich versucht, in meinem Buch „Thales von Milet und die Vorsokratiker“ darzustellen.

Das Fazit dieses Vorwortes: Die menschliche Neugier, das Hinterfragen ist ein Motor für die Zukunft.

Auch wenn wir keine Antworten bekommen, sollte es für uns fast eine Verpflichtung sein, Fragen zu stellen.

Menschen, die sich nicht wundern können, die keine Fragen stellen, die alles als gegeben und selbstverständlich hinnehmen, sie wären in der Antike, noch vor den Vorsokratikern, gut aufgehoben gewesen,

Bad Soden, März 2025

Wissen allein ist hell, aber es wärmt nicht. Hingegen ist das Gefühl lebenswarm, aber blind. Erst wenn das helle Wissen mit dem lebendigen Gefühl vereint wird, entsteht ein mildes warmes Licht, in welchem wahres Menschentum wachsen kann.

Burghard Heim

Zum Anfang oder als Vorwort eine Frage

Die Natur oder wer auch immer hat dem Menschen die Neugier mitgegeben oder geschenkt, also die Fähigkeit und Möglichkeit, Fragen zu stellen. Auch wenn er keine Antworten bekommt und weiter suchen muss.

Und: Die ganze Welt ist voller Fragen.

Beginnen wir am Anfang einmal mit einem für Sie wahrscheinlich normalen oder einfachen Vorgang.

Sie lesen diese Zeilen und das Bild geht über die Augenlinse bis auf die Netzhaut. Von dort wird diese Information mit dem Sehnerv, dem nervus opticus, weiter bis in die Mitte des Gehirns weitergeleitet, zum Hypothalamus. Dort wird die Information verknüpft mit anderen Sinneseindrücken wie Hören, Riechen, Schmecken und sicher auch Fühlen. Würde man jetzt versuchen, dort Informationen abzuzapfen – man würde nichts sehen, kein Bild. Aber der Impuls wird weiter geleitet zum Sehzentrum weiter hinten im Gehirn – und auf einmal können Sie die Zeilen sehen und lesen.

Wie das geschieht und funktioniert? Wir wissen es nicht. Oder noch nicht!

Im Laufe dieses Buches muss ich Sie als Leser mit einer Reihe von Fragen konfrontieren, die ich mir auch gestellt habe.

Nach vielen Antworten suche ich noch immer.

Zur Vorgeschichte

Anfang November 2023 erschien in der Frankfurter Allgemeinen unter der Rubrik „Natur und Wissenschaft“ ein Artikel mit dem Titel „Phantastische Tiefe“ mit einem Bild der Euclid -Mission der ESA.

Auf dem Photo zeigte sich im Vordergrund der Perseus Galaxienhaufen und dahinter bis in fernste Fernen Galaxien über Galaxien. Beeindruckend war das schon, denn es war ja nur ein Ausschnitt des Himmels. Man konnte sich lebhaft vorstellen, dass die anderen Sektoren eine ähnliche Vielfalt aufwiesen. Und in all diesen Milchstrassen wiederum wimmelten mit Sicherheit Milliarden von Sternen / Sonnen wie in unserer eigenen Galaxis. Je länger man über das Bild nachdachte, desto mehr stellte sich ein Gefühl der Verlorenheit oder Einsamkeit ein in einem unvorstellbar, unbeschreiblich riesigen Weltall. Fernen über Fernen, die nie eines Menschen Fuß betreten wird.

Der Artikel enthielt einen Hinweis auf die „Aufgaben“ der Mission: Es geht unter anderem um die Klärung von Dunkler Materie und Dunkler Energie. Darüber später mehr.

Diese letzten Hinweise führten bei mir wieder einmal zu einem gelinden, oder sagen wir es gleich deutlich, zu einem erheblichen Zweifel an den so selbstverständlich klingenden Aussagen und Thesen der Astrophysiker und Kosmologen. Wer weiß, was spätere Generationen darüber denken werden?

Die Erkenntnisse von heute sind oft die Irrtümer von morgen. Darüber soll im Weiteren noch näher reflektiert werden.

Viele Bücher habe ich für dieses Buch zu Hilfe gezogen, immer auf der Suche nach Lösungen und Antworten für meine Fragen. Da ist das ältere Buch „Am Anfang war der Wasserstoff“, dann „Die ersten drei Minuten“ und viele andere mehr. Enttäuscht war ich von den neuen Büchern „Sterne“ und auch von dem neuen, im „Spiegel“ beschriebenen Buch „Mehr als nur Atome“. Die Autorin verliert sich viel im Unwesentlichen und in Selbstreflexionen.

Überhaupt: So manche Buchtitel verheissen mit ihem Titel viel, halten aber im Inhalt nur wenig.

Wie findet man zur Astronomie?

Ein Geständnis vorweg: Ich habe weder Physik noch Mathematik studiert. Ich bin also was diese Dinge anbetrifft nur ein interessierter, nachdenklicher Laie, der neugierig ist und Fragen stellt, da er mit vielen Thesen und Theorien einfach nicht zufrieden ist.

Meine erste zaghafte Begegnung mit der Astronomie ereignete sich auf ungewöhnliche Art und Weise durch einen Zufalls-Fund im Alter von zehn Jahren. Beim Stöbern auf einem Boden oder Speicher entdeckte ich unter vielem Gerümpel, was eben die Zeit so mit sich bringt, ein altes Buch, wohl aus den Dreißiger Jahren, mit dem Titel „Die Neue Astronomie“ oder so ähnlich. Das Buch hatte etwas gelitten, viele Seiten waren verklebt, es war ein wenig feucht geworden und es roch zugegebenermaßen nicht gerade appetitlich, ein Grund, dass meine Mutter dieses Buch am liebsten als störend entsorgt hätte, so dass ich es immer wiederverstecken musste.

Denn dieses Buch zeigte Bilder, die für mich absolut neu und ungewohnt waren. Kannte ich bislang nur Sonne und Mond, so zeigten sich Aufnahmen von Planeten, Sternen und Milchstraßen. Der nächtliche Himmel war voller neuer Eindrücke.

Auf dem Gymnasium waren für mich Mathematik, Physik, Chemie und Kunst die Lieblingsfächer. Unser Mathematik-Lehrer Dr. Rossberg verstand es, den zu vermittelnden Stoff so spannend zu gestalten, dass ich mich immer auf die Mathe-Stunde freute.

Vier meiner Klassenkameraden nahmen das als Stimulans für ein Studium der Mathematik. Drei von ihnen warfen allerdings die Flinte alsbald ins Korn, da sich das Thema an der Universität als langweilig und dröge erwies. Ich hatte mir diesen akademischen Umweg intuitiv erspart. Der vierte wurde Mathematik-Professor in Tübingen.

Die Mathematik-Hefte der letzten drei Schul-Jahre habe ich bis heute aufgehoben. Nostalgie eben!

Im Unterricht wurde ich damals zum erstenmal mit dem Begriff „Unendlichkeit“ bei den Kurvendiskussionen in den Mathematik-Stunden konfrontiert. So ist eine Asymptote eine Kurve, die eine gedachte Gerade im Unendlichen trifft oder schneidet. Hier tauchte beim Anblick auf der Tafel die erste Frage auf, wo ist denn dieser mysteriöse Schnittpunkt? Oberhalb der Tafel etwa oder erst oberhalb des Schulgebäudes? Man nahm es einfach hin als mathematische Größe, die sich in einer liegenden Acht, einer Lemniskate, zeigte, ohne weiter darüber nachzudenken. Ebenso ist es mit der Null – das Nichts, das nahm man noch eher hin, da die Null in Verbindung mit oder hinter anderen Zahlen zwar keinen Sinn ergab, aber immerhin eine Bedeutung hatte.

Das eigentliche Studium der Zahn-Heilkunde liess mir wenig Zeit, so dass die Astrophilie, so will ich sie einmal nennen, etwas in den Hintergrund geriet.

Aber so recht war ich mit der mehr technisch ausgerichteten Zahnmedizin nicht zufrieden. Sicher, die Zähne, das Gebiss und alles was damit zusammen hängt, haben für den Menschen eine große Bedeutung. Durch den Zahnarzt Dr. Heinz Pflaum lernte ich, dass man das Gebiet noch durch naturheilkundliche Aspekte erheblich erweitern kann: Durch Homöopathie, Phytotherapie, Elektroakupunktur und vieles andere mehr.

Immer auf der Suche stiess ich auf die Esoterik und in diesem Zusammenhang auch auf die Astrologie. Einer der wichtigsten Bereicherungen in dieser Suche war für mich die Begegnung mit dem Diplom-Psychologen Thorwald Dethlefsen, den ich in einigen Seminaren und Vorträgen erleben durfte und dessen Vortragskassetten ich mir noch heute immer wieder anhöre (inzwischen gibt es die Vorträge auch auf CD).

In der Zwischenzeit war für mich das Thema Astronomie, Astrophysik und Kosmologie wieder etwas aus der Versenkung aufgetaucht und durch Zufall fielen mir zwei Bücher von Hans Werner Woltersdorf in die Hände. „Phänomen Schwerkraft – Das Medium, mit dem wir denken“ und „Die Schöpfung war ganz anders – Irrtum und Wende“. Diese beiden Bücher waren für mich und für meine „Astrophilie“ so entscheidend, sie haben mich wach gerüttelt, dass ich mich diesem Thema, so weit es meine Zeit erlaubte, fortan intensiv zuwand.

Nach dem mehrmaligen Studium der beiden Bücher habe ich mich gefragt: Warum wurde Woltersdorf von anderen Wissenschaftlern nie zitiert oder erwähnt? Nur weil er es gewagt hatte, die normalen Denkschablonen zu verlassen? Eigene Gedanken auf Grund eigener Erfahrungen zu entwickeln, die ihn nachdenklich gemacht hatten und ihn fragen ließen?

Vor einigen Jahren habe ich ihn einmal besucht. Es war ein interessanter Nachmittag.

Viele Anregungen durch ihn spiegeln sich in diesem Buch und auch in früheren Büchern von mir immer wieder.

Eine ferne Welt im Frühstadium

Unser Eingebundensein

Wir Menschen sind mit unserer Denkweise eingebunden in jeweils zwei Komponenten, die wir einfach nicht abstreifen können. Zwischen den zeitlichen Parametern Anfang und Ende auf der einen Seite und zwischen den physikalischen Parametern Ursache und Wirkung auf der anderen..

Schon Kinder beginnen nach einer gewissen Zeit zu fragen, wo komme ich eigentlich her? Früher wurden sie mit solchen Verlegenheitsaussagen „abgespeist“: Der Storch hat dich gebracht. Irgendwann liess sich diese Antwort aber nicht mehr aufrecht halten und je nach Aufklärungsfortschritt der Eltern musste man dann doch bruchstücksweise mit den Tatsachen herausrücken, falls die Kinder nicht schon anderweitig aufgeklärt wurden. Das ist aber nur eine etwas vordergründige Annäherung an das Wort „Anfang“.

Das Thema Ende nimmt im jugendlichen Alter erst einmal nur eine untergeordnete Bedeutung ein. Das ändert sich erst mit zunehmenden Jahren und Alter.

Der Anfang ist für uns Menschen ein unerlässliches Kriterium.

Jeder persönliche Fragebogen enthält die Frage nach dem Geburtsdatum des Menschen.

Man fragt nach dem Beginn des Studiums.

Jede Reise, die wir antreten, hat einen Beginn.

Der Arzt fragt den Patienten, seit wann er diese Symptome habe.

Oder ganz lapidar: Seit wann seid ihr verheiratet? Wann habt ihr euch kennen gelernt?

Das könnte man so fortsetzen. Aus der Art des Anfangs könnte man bestimmte Rückschlüsse ziehen.

Auf das Duo Ursache und Wirkung soll später noch ausführlicher eingegangen werden.

Der Anfang

Schon immer waren die Menschen auf der Suche nach Antworten für dieses physische Gebilde, in dem, mit dem und auf dem sie lebten. Wir nennen es Erde.

Da die Natur ringsherum ihnen zeigte und offenbarte, dass alles ob Pflanze, Tier oder Mensch nicht abrupt in dieser Welt entstand, sondern sich aus einem Anfang langsam heraus entwickelte, kam man zu der Vermutung, dass auch unsere Erde wohl einen Anfang gehabt haben müsste, obwohl man ihn nicht so ohne weiteres erahnen oder erkennen konnte.

Die Alten Ägypter hatten ihre Schöpfungsmythen, darauf bin ich in meinem Buch „Die Schöpfung" näher eingegangen.

Im antiken Griechenland haben sich die Philosophen ebenfalls bereits mit diesen Fragen befasst, allerdings trat der Mythos nun mehr in den Hintergrund. Man denke an die Vorsokratiker Anaximander, vor allem auch an Heraklit, Demokrit und Leukippos und später noch an Platon und Aristoteles.

Hesiod, der ungefähr um 700 v.Chr. lebte, also noch vor den Vorsokratikern, versuchte mit Hilfe der Musen diese Fragen nach Entstehung der Welt und auch der Götter in mehr poetischer Form darzustellen.

In deutscher Übersetzung heisst es da:

Wahrlich, zu aller erst entstand
Die gähnende Leere (das Chaos)
Alsdann aber die Erde (Gaia) mit ihrer breiten Brust

Hier stoßen wir das erste Mal auf den Begriff der Leere.

Leere bedeutet so viel wie das Nichts, das uns später noch beim Urknall begegnen wird.

Was ist also das Nichts?

Wir können es nur benennen. Aber beschreiben können wir es nicht. Wie soll man das Nichts beschreiben? Es ist eben noch nichtiger als Nichts. Gleichgültig wie man es beschreibt, dann ist es ja noch immer etwas! In unserer lapidaren Vorstellung denkt man an einen Behälter, in dem nichts drin ist. Aber da wäre ja noch eine Umgrenzung, in dem das Nichts enthalten wäre. Aber der Gedanke eines umfassenden, absoluten Nichts, in dem aber auch gar nichts drin ist, wie soll man den mit dem beschränkten menschlichen Gehirn denken?

Die Mathematiker machen sich es da einfach. Es ist eben eine Null, ohne etwas und ohne „Verzierungen". Philosophisch hinterfragt wird das Gebilde nicht.

Man spürt es schon bei den Versen von Hesiod. Die Erde entsteht einfach, sie bildet sich einfach.. Ein bewirkendes Etwas, um es vorsichtig auszudrücken, wird ausgeklammert, es unterliegt der Nicht-Erwähnung.

Ob das Nichts so etwas wie ein kreatives, schöpferisches Potential enthält?

Wir wissen es nicht.

In der Bibel ist es einfacher. Luther übersetzt die ersten Zeilen der Bibel:

Am Anfang schuf Gott Himmel und Erde. Und die Erde war wüst und leer und es war finster auf der Tiefe und der Geist Gottes schwebte über den Wassern.

Die hebräischen Worte „tohu wa bohu" übersetzt Luther mit „wüst und leer", Wir gebrauchen sie etwas verfremdet für eine chaotische Unordnung

Wir überspringen jetzt einfach mal Cusanus, Galilieo, Giordano Bruno, Kopernikus, Kepler, Newton bis ins 20. Jahrhundert.

Am Himmel zeigten sich so eigenartige kleine verwaschene Gebilde, die man erst als Nebel interpretierte. Dann stellte man jedoch mit stärkeren Teleskopen fest, das einer dieser Nebel sich in Sterne auflöste und sich als eine Milchstraße ähnlich der unseren entpuppte, M31, die Andromeda-Galaxis. Das war natürlich erst einmal eine umwälzende Erkenntnis: Wir sind also nicht allein, wenn man unser Hiersein auf unsere Milchstraße reduziert. Am Himmel schien alles weiter, umfangreicher und größer zu sein als bislang angenommen.

Der amerikanische Astronom Edwin Hubble ((1889 – 1963) maß im Jahr 1926 mit seinen damaligen Möglichkeiten zum Andromeda-Nebel eine Entfernung von 920.000 Lichtjahren. Inzwischen wissen wir, dass es wesentlich mehr sind, nämlich rund 2,2 Millionen Lichtjahre.

Unsere Nachbar-Galaxie: der Andromeda-Nebel

Für unser menschliches Gehirn, das normaler weise mit kleinen Zeiträumen zufrieden ist oder zufrieden sein muss, eine unfassbare Erkenntnis: Das Licht, das uns von dieser Galaxis erreicht und das wir sehen, ist seit 2,2 Millionen Jahren unterwegs. Würde diese Milchstraße verschwinden, nur einmal so als Gedankenspiel, wir würden es überhaupt nicht bemerken. Erst in 2,2 Millionen jahren, wenn es dann noch menschliche Wesen gibt.

Entscheidender für unsere weiteren Betrachtungen und vor allem für die weiteren Fragen ist aber Hubbles Feststellung, dass sich unser Universum ausdehnt und alle anderen Milchstrassen sich von uns weg bewegen. Manche Kosmologen meinen sogar, es würde sich schneller ausdehnen als früher. Andere hingegen gehen davon aus, dass sich die Geschwindigkeit wegen der Einwirkung der Schwerkraft verlangsamen würde.

Um nun das Folgende besser zu verstehen, dient jetzt dieser kurze Ausflug in die Akustik.

Stellen Sie sich vor, Sie stehen an einem Bahnhof und warten auf Ihren Zug (der hoffentlich pönktlich kommt). Nun nähert sich ein Güterzug, der sein Kommen mit einem Hornsignal ankündigt. Die Schallwellen werden gestaucht, der Ton erscheint hoch und hell. Wenn dieser Zug dann den Bahnhof verlässt und wieder ein Signal ausstösst, werden die Wellen in die Länge gezogen und der Ton klingt tiefer.

Hubble stellte bei Untersuchungen der Spektrallinien von Sternen und Galaxien fest, dass sich bestimmte Linien zum roten Spektrum hin verschoben. Wenn sich also Lichtquellen ferner Himmelslichter von uns entfernten, so wurden die Wellenlängen länger und bestimmte Linien verschoben sich mehr in den roten Bereich des Farbspektrums. Das bedeutete: Diese fernen Galaxien entfernten sich von uns. Man sprach von der Flucht der Milchstraßen.

Je weiter diese Galaxien von uns entfernt waren, desto stärker zeigte sich diese sogenannte Rotverschiebung. Das bedeutete: Je weiter die Galaxien entfernt waren, desto höher war ihre Geschwindigkeit. Autoren sprechen von 50.000 bis 60.000 Kilometer pro Sekunde. Ein ca 8 Milliarden Lichtjahre entfernter Quasar soll sich mit rund 240.000 Kilometer pro Sekunde entfernen

Wir kommen bei diesen unfassbaren Geschwindigkeiten in erhebliche Vorstellungsprobleme, wenn wir diese Parameter mit der Lichtgeschwindigkeit vergleichen. Darüber soll im Kapitel über das Thema Licht noch einmal gründlich reflektiert werden.

Und nun kommt die Konsequenz aus diesen Beobachtungen, die für die weiteren Kapitel dieses Buches von großer Bedeutung sind.

Wenn irgend etwas auseinander stiebt, dann muss es irgendwo und irgendwie begonnen haben. Es muss einen Anfang geben.

Würde man (theoretisch) sämtliche Milchstraßen zurück verfolgen können, dann müssten sie logischerweise einen fiktiven Startpunkt gehabt haben. Und da sie sich ja bewegen und nicht stationär verharren, müssen sie dazu noch einen Impuls zur Bewegung bekommen haben.

Das Wort vom großen Knall, vom „Urknall", war geboren, denn anders kann sich der Mensch in seiner Beschränktheit ein solches Ereignis nicht vorstellen. Und ohne einen ungeheuren Knall kann ein solcher Anfang wohl nicht stattgefunden haben. Meint man!

Der belgische Pater Georges Lemaître hatte schon ca 2 Jahre vor Hubble die Vermutung geäußert, dass das Universum einer Expansion unterliege und daher einen Startpunkt gehabt haben müsste. Er nannte es das „Ur-Atom".

Es gibt allerdings einige Zweifel an der Rotverschiebung, wie ich es jetzt zufällig in einer älteren Zeitschrift (PM 2/2001) fand.

Der Text lautete: Je mehr Gravitationspotentiale das Licht auf seiner Reise überwinden muss, desto mehr „Zoll" in Form von Energie und Farbe muss es zahlen. Seine Frequnz sinkt, sein Rotanteil wächst und wir brauchen keinen Dopplereffekt und keine Galaxienflucht als Erklärung – und mithin auch keine Urknall-Hypothese.

Im Buch von Th. Löbsack fand ich den Hinweis: Der deutsche Physiker Rudolf Mößbauer hatte nachgewiesen, dass eine „Ermüdung", ein Energieverlust des Lichtes bei dessen Bewegung gegen die Schwerefelder eintritt

Ich habe auf dieses Thema schon in meinem Buch „Der Urknall – Eine Fiktion der Astrophysik" hingewiesen, nämlich dass auch Licht müde werden kann. Wenn es schon durch Schwerkraftfelder, wie es große Sterne nun mal mit sich bringen, abgelenkt werden kann, warum nicht auch abgebremst werden kann.? Dann wäre die ganze Urknall-Theorie nicht mehr stimmig.

Das Problem besteht darin, dass man solche Hypothesen nicht wissenschaftlich nachweisen kann, dafür bräuchte man zumindest eine Messstrecke von einigen Milliarden Lichtjahren. Und die steht uns nun mal nicht zur Verfügung.

Wer mag also bei diesen elementaren Fragen Recht haben oder behalten?

Wir wissen es nicht!

Und damit beginnen eigentlich die vielen weiteren Fragen, die uns entgegentreten werden und für die wir keine Antwort und keine Klärung finden.

Wir gehen nun der Einfachheit ein paar Seiten zurück und schauen uns das Bild mit den vielen Sternen und Galaxien noch einmal an.

Das alles soll aus dem Urknall entstanden sein, soll in ihm wie auch immer enthalten gewesen sein, bevor es sich in Richtung Peripherie mit zunehmender Geschwindigkeit aufmachte?

Wir fragen einfach mal ganz naiv:

Hat denn alles in dem Ort des Urknalls Platz gehabt oder ist es erst nach und nach im Lauf der Jahrmilliarden entstanden? Aber wie?

Oder kam es eventuell von woanders her? Aus einer anderen Dimension?

Wir wissen es nicht!

Was ist überhaupt als erstes entstanden?

Irgend etwas muss ja entstanden sein, sonst gäbe es dass Universum nicht. Man muss annehmen, dass es Materie war oder sagen wir bescheiden, dass es Materie wurde. War es ein Proton und dazu später noch ein Neutron? Also Wasserstoff? Und haben sie sich danach gewaltig vermehrt? Und wie kamen dann die Elektronen dazu? Haben die Nukleonen, also Proton und Neutron so etwas wie eine Schutzhülle gebraucht, die sie umkreiste? Es blieb ja nicht bei so einfachen Atomen, sie wurden rätselhafter und komplexer. Bei der Frage hinsichtlich der Materie kommen wir schon in Verlegenheit, wenn wir weiter neugierig und ungeduldig fragen: Ist Materie das einzige, was damals entstanden ist?

Waren im Anfang auch schon so immaterielle Phänomene wie Gefühle, Seele oder Geist enthalten, die nur entlang der Zeitachse auf ihre Entfaltung warteten?

Wir wissen es nicht!

Somit wären wir bereits beim nächsten Thema: Der Zeit.

Zeit – die Begleitkomponente von allem, das existiert

Mit der Entstehung von Materie begann sie, die Zeit, zu laufen. Denn: Materie unterliegt der Zeit. In unserer Alltagssprache sprechen wir von „altern“.

Wieder eine naive Frage: Wo war die Zeit vorher? Ist sie aus der Latenz heraus gesprungen, um die Materie zu „gängeln“?

Vor dem Beginn gab es nur Unendlichkeit und Ewigkeit, so stellen wir uns das vor.. Das Wort Unendlichkeit kann man als räumliches Phänomen nur aussprechen, aber erklären kann man es nicht, denn man kommt immer wieder in die Verlegenheit, räumliche Begriffe zu verwenden. Nur die Mathematiker verwenden es in ihren Gleichungen.

Ähnlich ist es mit dem Begriff Ewigkeit. Ewigkeit ist kein ununterbrochenes, unaufhörliches Laufen von Zeit. Wir gebrauchen es oft im trivialen Alltag, wenn wir mal stundenlang warten müssen und es uns unziemlich lange vorkommt. Aber Ewigkeit ist mehr, wir können das Wort zwar erwähnen, aber wenn wir versuchen, es zu beschreiben, ist es falsch. Es ist für das menschliche Gehirn einfach unfassbar, jenseits aller metrischen Systeme. Vielleicht ist unser Gehirn von der Evolution dafür auch gar nicht vorgesehen?

Unweigerlich stösst man auf weitere Fragen im Zusammenhang mit dem Anfang.

Wenn wir physikalische Parameter anlegen und das Ursache-Wirkungs-Prinzip anwenden, gibt es erhebliche gedankliche Kollisionen. Sollte es einen Anfang gegeben haben, entsteht die Frage: Was hat diesen Anfang bewirkt, was hat ihn initiiert, was war die Ursache? Was war davor? Man denke an Ursache und Wirkung!

Wir wissen es nicht!

Es gibt so wilde Spekulationen. Dieser Anfang sei gar nicht der erste gewesen, sondern hätte sich aus einem früheren Universum entwickelt, das in sich zu einem Massepunkt kollabiert gewesen sollte. Also eine Art zyklischer Wiederholung von Universen in Äonen von Jahren? Mit solch absurden Theorien verschiebt man aber nur die Frage nach einem Ur.Ur.Anfang, den es ja gegeben haben müsste. Wir kommen aus unseren Denkschemata einfach nicht heraus! Denn noch einmal: Aus einem Nichts kann nichts entstehen. Das wird jeder Physiker unterschreiben.

Wenn wir schon bei den unsinnigsten Thesen sind: Es gibt nicht nur ein Universum, also unseres. Es gibt mehrere Universen, die alle parallel existieren.

Meine Frage: Was gewinnt man damit an Erkenntnis?

Eine weitere konfuse Theorie soll nur der Vollständigkeit halber erwähnt werden: Die Geschichte von sog. Wurmlöchern, mit denen es gelingen soll, Entfernungsdifferenzen in unglaublicher Kürze zu überwinden oder sogar noch mal bei den Paralleluniversen kurz vorbei zu schauen.

Der Phantasie des Menschen und all der Perry Rhodan-Jünger und Raumschiff Enterprise-Anhängern sind da keine Grenzen gesetzt.

Wie kommt das Licht in diese Welt?

In der Bibel liest es sich sehr einfach:
In der Schöpfungsgeschichte steht in Absatz 3

Und Gott sprach: Es werde Licht und es ward Licht.

Weiter steht in Absatz 4

Und Gott sah, dass das Licht gut war. Da schied Gott das Licht von der Finsternis.

Naturwissenschaft und Bibel sind nicht immer einer Meinung. Schon gar nicht wenn es sich um so wichtige Faktoren des Universums handelt.
Wie das Licht, das wir tagtäglich sehen und erleben etc. entstanden ist?
Wir wissen es nicht!
Uns sind nur die physikalischen Parameter des Lichtes bekannt.
Es hat eine Geschwindigkeit von rund 300 000 Kilometer pro Sekunde. Das ist ein Wert, der für uns kaum nachvollziehbar ist und auch im Alltagsleben so gut wie keine Rolle spielt. Fast unheimlich wird es erst, wenn wir unseren Blick zum Nachthimmel erheben und uns die vorhandenen Entfernungen vor Augen halten müssen.
Das Licht vom Mond ist in rund 2,5 Sekunden bei uns. Bei unserem Tagesgestirn, der Sonne, sind es rund 8 Minuten. So weit kommen wir mit unserem Denkvermögen noch mit. Aber beim nächst gelegenen Fixstern Proxima Centauri sind es 4 ½ Jahre. Das heisst, das Licht das uns im bloßen Auge oder im Fernrohr trifft, war gerade 4 ½ Jahre unterwegs. Noch unglaublicher wird es bei der bereits erwähnten Andromeda-Galaxis. Das Licht, das wir jetzt von ihr sehen, ist vor über 2 Millionen Jahren auf die Reise gegangen.
Das bedeutet, alles was wir am Himmel sehen, ist Vergangenheit, ist

teilweise mehr als nur ein Vorgestern. Im Grund muss man die Astronomen bedauern: Sie betreiben ausgeprägte Astroarchäologie.

Die Physiker sagen: In diesem Universum kann Materielles niemals schneller sein als das Licht.

Die Betonung liegt hier auf dem Wort „Materielles“, wir werden später noch sehen, dass es durchaus etwas gibt, dass schneller ist als Licht.

In der Science Fiction-Literatur existieren so spannende Konstruktionen. Ein Raumfahrer verlässt die Erde mit sehr hoher Geschwindigkeit, die Zeit verlangsamt sich, er altert nicht so schnell. Käme er dann wieder auf die Erde zurück, gäbe es niemand Bekanntes aus seiner Familie mehr, nur deren Enkel und Ur-Enkel.

Wie kommt das zustande?

Zeit und Materie (Masse) verändern sich, je mehr sie sich der Lichtgeschwindigkeit nähern.

Masse ist identisch mit seinem von der Schwerkraft verursachten Gewicht.

Der holländische Physiker Lorentz hat es in seiner Lorentz-Transformation mathematisch nachgewiesen.

Woltersdorf hat es in seinen Büchern sehr gut grafisch dargestellt.

In Worte gekleidet würde es bedeuten:

Im leeren Raum, in dem es keinen Luftwiderstand gibt, würde sich eine Masse, hier als Beispiel eine Kugel, mit zunehmender Geschwindigkeit immer mehr verformen. Bis sie mit Fast-Lichtgeschwindigkeit unendlich schwer wird aber zugleich auch unendlich klein wird. Zugleich müsste unendlich viel Energie zugeführt werden, um die Masse immer weiter zu beschleunigen. Im Endstadium würde auch die Zeit gegen unendlich langsam gehen, würde praktisch stillstehen.. Es wäre Ewigkeit.

Ein Paradoxon wie es scheint, denn man kann es sich nicht vorstellen, sondern nur in mathematischen Formeln darstellen.

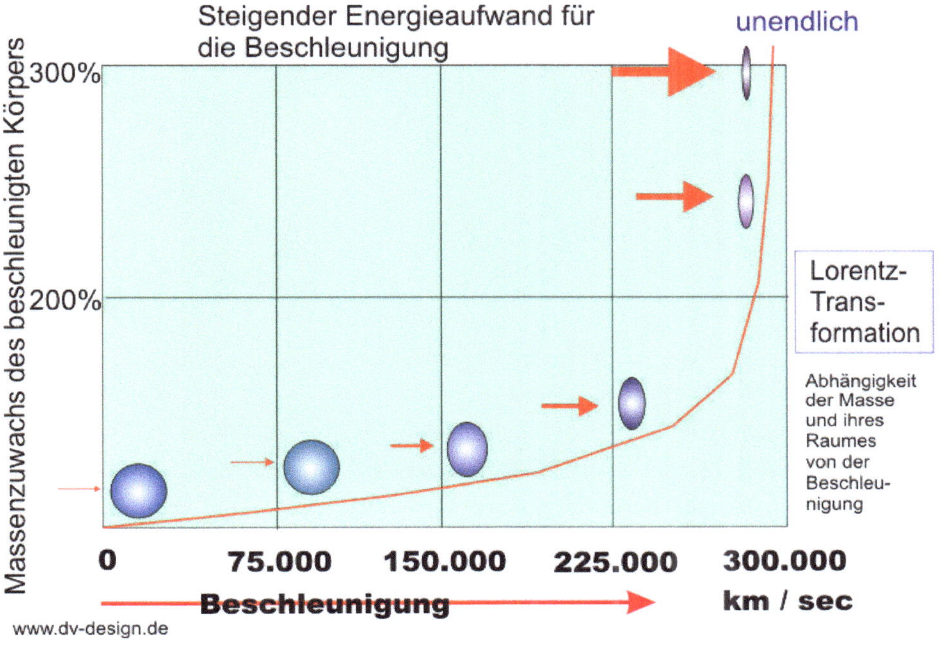

Diese Grafik soll in etwa diesen nur schwer verständlichen mehrdimensionalen Vorgang auf eine zweidimensionale Grafik reduzieren.

Besonders wichtig anzuschauen für jene, die immer noch davon träumen, so schnell wie in den Science Fiction Romanen geschrieben, durch das Universum zu fliegen, am liebsten gleich mit Lichtgeschwindigkeit.

Das Rätsel der Dunklen Materie

Wenn man bei dem Thema Licht verweilt, bietet sich im Anschluss daran der von den Astronomen und Astrophysikern so gern zitierte Begriff „Dunkle Materie“ an.

Diese sogenante „Dunkle Materie“ soll nach den Aussagen mancher Experten das Universum zu ca 90 Prozent ausfüllen.

Das Problem ist nur: Bislang hat sie niemand gesehen!

Sie zeigt sich nicht in den Fernrohren der ganzen Welt gleich welcher Art!

Sie existiert nur in den Köpfen so mancher Kosmologen.

Manche vermuten, sie bestünde aus leichten Teilchen, die sich mit Lichtgeschwindigkeit bewegen – aber auch das klingt ziemlich verworren.

Oder können es herumschwirrende Geisterteilchen sein, sogenannte Neutrinos?

Man sieht, die Fragen nehmen immer mehr zu.

Es erinnert mich ein wenig an die Anfangsphasen der Astronomie. Damals war man der Ansicht, ausserhalb der Erde wäre alles von dem sog. „Weltraum-Äther“ ausgefüllt. Ein durchlässiger leichter Stoff. Die Astronomen konnten sich einfach nicht vorstellen, dass da „oben“ ein luftleerer Raum existieren könnte.

Allein schon der Begriff „Dunkle Materie“ zeugt schon davon, wie leichtsinnig und befremdlich diese Fachleute mit der Sprache umgehen,

Materie und nicht sichtbar – das passt irgendwie nicht zusammen. Materie müsste sich doch in Form von irgendeiner Substanz zeigen!

Und wenn es tatsächlich Materie wäre – wie kommt das Licht der Sterne und der Galaxien überhaupt bis zu uns und wird nicht von der Dunklen Materie verschluckt?

Der Himmel ist doch nicht dunkel oder schwarz!

Au ch die ISS (Internationale Raumstation) ist noch nie mit dunkler Materie zusammengestoßen, höchstens bestand Gefahr,.dass der Weltraumschrott ihr allzu nahe kam.

Sogar Galaxien, die angeblich Milliarden von Lichtjahren von uns entfernt sind, dringen mit ihrem schwachen Licht noch bis zu uns.

Die Frage – und nicht nur diese – bleibt im Raum stehen:

Wie kann man etwas behaupten, wo doch für den normalen Menschenverstand alle sichtbaren Fakten dagegen sprechen?

Oder sind Astronomen so gescheite Leute, dass wir Normalbürger ihnen einfach nicht folgen können? Dass sie einfach besser sehen können als wir?

Man kann das gestrost als astrophysikalische Märchenstunde abtun.

Die Nukleonen, Protonen und Neutronen, Baustoffe des Universums

.

Irgendetwas muss ja am Anfang entstanden sein. Wenn es Materie gewesen sein soll, dann muss diese Materie aus irgend etwas bestehen.

Schon die griechischen Vorsokratiker wie Demokrit und Leukippos behaupteten, Materie bestünde aus kleinsten Bestandteilen, die nicht weiter teilbar sind und gaben ihnen den treffenden Namen Atome (von griechisch *atomos* – nicht teilbar).

Diese Atome sind die Grundbausteine der Materie (übrigens, das Wort Materie kommt von lateinischen Wort *mater*, ist also die Mutter von allem was besteht).

Erst in der Neuzeit stellte man fest, dass auch die Atome aus kleineren Teilen bestehen: Protonen (von griechischen *protos* – der erste) und Neutronen sowie die Elektronen.

Zur räumlichen Vorstellung, die auf den dänischen Physiker Niels Bohr zurückgeht: Im Allgemeinen stellt man es volkstümlich so dar: In der Mitte eines Atoms liegt der Kern mit den Nukleonen (vom lat. *nucleus* – Kern) und um ihn herum kreisen die Elektronen. Nun, ganz so einfach ist es nicht, aber es soll uns an dieser Stelle erst einmal genügen.

Nun können ja Atome auch nicht so aus dem Nichts entstanden sein, immerhin sollten und wollten sie ein ganzes Universum aufbauen.

Hat es irgendeinen Bauplan gegeben, nach dem sich diese Grundbausteine geformt, zusammengesetzt und orientiert haben?

Wir wissen es nicht!

Hätte es nicht auch völlig anders verlaufen können?

Wir nehmen ihr Vorhandensein einfach als gegeben an!

Es wird noch geheimnisvoller. Die Nukleonen stehen nicht still, denn Stillstand würde im Universum das Ende von allem bedeuten. Das sagte schon der griechische Philosoph Heraklit, einer der Vorsokratiker: Alles bewegt sich, nichts ist in Ruhe..

Die einzelnen Nukleonen drehen sich mit einer rasenden Geschwindigkeit von 10^{22} Umdrehungen pro Sekunde. Unaufhörlich. Seit dem

Beginn des Universums.

Man muss sich wiederum die Frage stellen: Wo kommt diese Energie her, die die Nukleonen am Laufen hält.?

Die Physiker sagen: Sie haben einen Spin. Bei einer solchen Rotationsgeschwindigkeit müssten die Nukleonen ja fast auseinander fliegen. Aber sie tun es nicht!

Von wo kommt die Energie her, denn ohne Energie gibt es keine Bewegung? Das sagte schon Demokrit.

Wir wissen es nicht!

Im Jahre 1966 beschrieb der amerikanische Physiker A.D.Kriesch die einzelnen Nukleonen als eine weiche, gel-artige Masse von zwiebelschalenförmiger Struktur.

Es sieht so aus, als ob sich da etwas aufgewickelt hat.

Was könnte das sein?

Woltersdorf geht in seinen Büchern ausführlich darauf ein.

Zum Thema Atome werden wir im nächsten Kapitel etwas näher eingehen, denn hier scheint es sich um ein großes Geheimnis zu handeln

Gravitation – die geheimnisvolle kosmische Komponente

Jeder Mensch weiß es. Wenn ihm etwas aus den Händen fällt, dann fällt es nach unten und schwebt nicht nach oben. So mancher Mensch hat auch schon mehr oder weniger heftige Erfahrungen mit der Schwerkraft gemacht. Ein Sturz mit all seinen Folgen kann das Leben erheblich verändern und gefasste Pläne illusorisch machen.

Der berühmte englische Physiker Isaac Newton (1693-1726) hat sich schon darüber ausführliche Gedanken gemacht und festgestellt, die Schwerkraft sei eine Eigenschaft der Erde und er hat es in mathematische Formeln gefasst, die noch heute ihre Gültigkeit haben. Wo sitzt sie jetzt aber genau? Hundert Meter über oder hundert Kilometer unter der Erdoberfläche, das konnte er auch nicht sagen. Auch heute gibt uns die Gravitation Rätsel auf, wir können ihre Stärke angeben, mehr aber auch nicht, wir können uns ihr fast nur demütig fügen.

Wir wissen, dass die Schwerkraft auf dem Mond geringer ist, weil er kleiner ist als die Erde. Man hat es deutlich gesehen, wie die amerikanischen Astronauten fröhlich auf dem Mond herum hüpften. Mir ihren schweren Raumanzügen hätten sie das auf der Erde nicht vermocht.

Auf den Aufnahmen aus der Internationalen Raumstation ISS schweben die Astronauten schwerelos durch das Innere, losgelöst von jeglicher Erdenschwere.

Um es deutlich zu machen: Die Schwerkraft ist nicht allein eine Eigenschaft der Erde, sondern eine Eigenschaft sämtlicher Körper im Weltraum. Wir können es noch weiter fassen: Sie ist eine Eigenschaft der Materie generell. Je größer der Körper, desto größer die Schwerkraft. Sie gehört zum Universum.

Was ist also die Schwerkraft oder Gravitation von ihrem Wesen her?

Wir wissen es nicht!

In ihrer Verzweiflung bei der Abklärung begannen Wissenschaftler in Anlehnung an das Licht, also an Photonen, von Gravitonen – ich muss leider sagen – zu faseln. Bislang ist nicht ein einziges dieser ominösen Dinger den Forschern ins Netz gegangen.

Wiederum hat es Woltersdorf seinen Büchern sehr eindrucksvoll dargelegt:

Die Gravitation ist eine im gesamten Universum vorhandene und äusserst wirksame Erscheinung, die wir nicht fassen können, sondern nur an ihren Auswirkungen spüren und messen können. Wir können das Gewicht eines Steines messen, wir können uns selbst auf die Waage stellen, um zu sehen, mit welcher „Kraft“ wir auf den Boden gedrückt werden.

Ist vielleicht die Gravitation diese schwer zu fassende „Ursache“ für den Spin der Nukleonen, indem sie in die Atome eindringt und diese Elementarteilchen in Rotation versetzt. Da die Gravitation offenbar im gesamten Universum unermüdlich wirkt, gelingt es ihr augenscheinlich aus den Nukleonen eine Art Perpetuum mobile zu machen, das ständig ohne Unterlass rotiert.

Unter diesen Voraussetzungen wäre auch die Schwerkraft verständlich, die uns auf den Boden presst, wie wir gleich sehen werden.

Jetzt wird es ein wenig schwierig, Es soll am besten an uns Erdenbewohnern erläutert werden

Die Gravitation (wir können sie nicht als Kraft bezeichnen) wirkt auf uns, die wir auf der Erde wandeln, mit all ihrer Vehemenz ein. Zugleich wirkt die Gravitation ebenso unaufhörlich auf die andere Seite der Erde ein. Nun ist die Gravitation in der Lage die Erde zu durchdringen. Auf dem Weg durch die Erde wird ein Teil der Gravitation „verbraucht“, um die auf dem Weg liegenden Nukleonen am Leben zu erhalten, das heisst sie in Rotation zu versetzen. Nun trifft die etwas geschwächte Gravitation auf die voll wirksame und nicht geschwächte Gravitation aus dem Weltall. Dieser geringe Unterschied ist es, der uns auf die Erde presst.

Um es an zwei Beispielen noch einmal zu erläutern:

Der Mond ist kleiner als die Erde. Insofern wird die aus allen Richtungen einstrahlende Gravitation durch die zu durchdringende Materie etwas „reduziert“, somit wird ein wenig „verbraucht“ und die austretende geringere Gravitation trifft auf die einstrahlende ungeschwächte volle Gravitation. Sie gleichen sich mehr an, sie heben sich ein wenig auf, der Mensch auf dem Mond wird leichter.

Bei den Astronauten auf der ISS wird es noch verständlicher. Die ISS hat nur wenig Masse, die Gravitation hebt sich fast auf und die Menschen werden nicht durch eine Art Übergewicht an die Wände oder auf den Boden gepresst. Sie können schweben.

Bei meinem Stöbern in den vielen Büchern zu diesem Thema stiess ich auf ein älteres Werk von Arthur C. Clarke aus dem Jahr 1969. Ein Kapitel trägt die interessante Überschrift: „Überwindung der Schwerkraft". Er schreibt: ‚Von allen in der Natur vorkommenden Kräften ist die Schwerkraft die geheimnisvollste und unerbittlichste . Sie beherrscht unser Leben von der Geburt bis zum Tod. Beim kleinsten Fehltritt kann sie uns töten oder zum Krüppel machen.' Weiter schreibt er ‚dass der Mensch im Gefühl seiner erdgebundenen Unfreiheit immer sehnsüchtig den Vögeln und den Wolken nachgeschaut hat.' Weiter lässt er sich aus über die Möglichkeit der Antigravitation und was die Folge wäre, wenn es keine Schwerkraft gäbe.

Nacht auf einer fernen Welt

Ist im Universum etwas schneller als das Licht?

Im Kapitel über das Licht haben wir gelesen: Alles Materielle kann sich nicht schneller bewegen als Licht. Das heisst: Mögen unsere Raketen noch so stark und noch so schnell sein, im Verhältnis zum Licht sind sie mit den langsamsten Schnecken zu vergleichen.

Aber gibt es in diesem Universum etwas, was schneller ist als Licht?

Wir nehmen dazu einen Bericht aus dem Buch „Die Schöpfung war ganz anders“ von Woltersdorf zu Hilfe.

Es waren gerade die russischen Wissenschaftler, welche die These von den Gedanken als elektromagnetische Wellen vertreten haben und damit auch die Telepathie als eine Möglichkeit militärischer Geheimkommunikation zu erforschen bemüht waren. Der russische Neurologe W. Bechterew hatte bereits zur Zarenzeit die Wissenschaft von der Existenz psychischer Fernwirkungen überzeugt und eine Theorie elektromagnetischer Basis für die Telepathie für wahrscheinlich gehalten. Sein Schüler, der spätere Professor Wassilew versuchte zu bestätigen was sein Meister behauptet hatte.

Man fand ein Team von mehreren Versuchspersonen, die auf telepathischem Wege in hypnotische Trance versetzt werden konnten und in diesem Zustand die fernhypnotisch gegebenen Befehle auch prompt ausführten, selbst dann, wenn die Distanz zwischen dem Hypnotiseur und dem Medium 1700 Kilometer betrug, zwischen Leningrad und Sewastopol, wobei man sogar eine Zeitdifferenz der Lichtgeschwindigkeit messen zu können hoffte.

Die Medien bekamen telepathisch den Befehl zum Einschlafen beziehungsweise zum Aufwachen. Um den Zeitpunkt genauer kontrollieren zu können, hatten sie eine ganz einfache mechanische Bewegung auszuführen, die dann, wenn der Einschlafbefehl wirkte, unterbrochen und wieder aufgenommen wurde, sobald der Aufwachbefehl wirksam wurde. Man vereinbarte Minute und Sekunde der telepathischen Befehlserteilung und beobachtete den Zeitpunkt der Befehlsausführung.

Da sich die Lichtgeschwindigkeit der elektromagnetischen Gedankenwellen auf 1700 Kilometer Entfernung kaum meßbar auswirkt, ließ sich mit Genugtuung registrieren, daß zwischen Befehlsgebung und -ausführung - wie erwartet - fast eine Gleichzeitigkeit vorlag. Die Anzahl der Fehlversuche, also jener Fälle des Ungehorsams der Medien, lag bei nur etwa 10%.

Den letzten Pfiff erhielt das Experiment damit, daß sowohl der hypnotisierende Professor als auch die Medien in Faradaysche Käfige eingesperrt wurden; das sind isolierte Räume, die keine elektromagnetischen Wellen ein- oder ausdringen lassen. Wenn die Annahme von Bechterew, dass Gedanken elektromagnetisch übertragen werden, richtig war, dürften die hypnotelepathischen Befehle die Medien jetzt nicht mehr erreichen.

Die Überraschung war allerdings sehr groß, als man beobachtete, dass die Medien trotz ihrer Isolierung nach wie vor auf die Sekunde genau, also ohne Zeitverlust, dem telepathischen Befehl gehorchten. Der Käfig beeinflusste nicht einmal die Fehlerquote, die hier wie ohne Käfig ebenfalls nur 10% der etwa 260 Versuche ausmachte.

Fazit: Telepathie kann nicht auf elektromagnetischen Wellen beruhen. Man musste sogar feststellen, dass die Gedankenübertragung überhaupt nur auf einem ausserphysikalischen Weg vor sich gehen kann, da es ausserhalb der elektromagnetischen Ausbreitung (auch Licht breitet sich in einem elektromagnetischen Feld aus) keine andere Energie geben kann, welche sich mit Lichtgeschwindigkeit bewegt und die Bleimauern eines Faradayschen Käfig zu durchdringen vermag.

Es gibt also Strahlen oder Wellen oder was auch immer, die mit den normalen Methoden der Physik nicht erklärbar sind!

Im Kapitel über die Kommunikation mit Pflanzen oder unter Tieren wird das Thema noch mal angesprochen werden.

Alles dreht sich – das Rätsel der Rotation

Im Universum scheint sich alles zu bewegen. Als fortlaufende Bewegung und als Bewegung in sich, also als Rotation.

Wir sehen und spüren es an unserer Erde. Sie dreht sich und wir erleben dadurch Tag und Nacht und durch. ihre Achsenstellung die verschiedenen Jahreszeiten. Zugleich dreht sie sich um die Sonne. Der Mond dreht sich um die Erde, obwohl er uns immer nur die gleiche Seite zuwendet.

Unser gesamtes Sonnensystem mit all seinen Planeten liegt irgendwo am Ende einer der Spiralarme unserer Milchstraße und dreht sich mit ihr in Tausenden von Jahren einmal um seine gedachte Achse..

Wenn sich unsere Erde seit Millionen von Jahren dreht und zum Glück nicht still steht, dann muss man sich wieder fragen:

Durch was behält sie ihren Drehimpuls ohne zu ermüden?

Wir wissen es nicht!

Zum anderen: Wie schafft sie es, auf ihrer ellipsoiden Bahn um die Sonne zu kreisen, ihren Abstand beizubehalten und nicht von der Schwerkraft der Sonne angezogen zu werden?

Wir wissen es nicht!

Wir haben gerade von der Rotation der Nukleonen gelesen. Könnte es sein – das ist aber nur eine äusserst kühne unbeweisbare Vermutung – dass sich dieser Miniatur-Drehimpuls der Nukleonen auf alles was aus den Nukleonen besteht, also auf die gesamte Materie wie Planeten und Sonnen und Galaxien jedweder Größe überträgt?

Wir wissen es nicht!

Drei der äusseren Planeten
Jupiter, Saturn Neptun

Der sechsdimensionale Kosmos des Burkhard Heim

Immer wieder haben Physiker versucht, so etwas wie eine Welt-Formel zu finden, mit der sämtliche Vorgänge im materiellen Kosmos erklärbar sind. Auch Heisenberg hat sich an einer derartigen Formel versucht, musste aber bald erkennen, dass viele Ergebnisse, die damit erklärt werden sollten, falsch waren und in ihrer mathematischen Lösung bereits vor dem Komma nicht stimmten.

Die Formel verschwand sang- und klanglos von der wissenschaftlichen Bühne, denn sie ging von einer fünfdimensionalen materiellen Welt aus, mit der eine Grosszahl physikalischer Phänomene nicht erklärbar war.

Der Physiker Burkhard Heim, ein Schüler Heisenbergs, erkannte, dass mit den herkömmlichen Methoden der Mathematik diese Probleme nicht lösbar waren und schuf für die Beschreibung der Welt eine neue Art von Mathematik, eine mehrwertige Logik, die sogenannte „Antropomorphe Syntrometrie", von der unsere normale zweiwertige Ja-Nein-Logik nur der einfachste Spezialfall ist.

Wir wollen an dieser Stelle nur auf die wichtigsten Punkte für unser Hauptthema eingehen.

Die Koordinaten Länge, Breite und Höhe umfassen den normalen, uns verständlichen dreidimensionalen Bereich. Seit Einstein müssen wir den Faktor Zeit hinzufügen, woraus sich ein für den Menschen nicht so einfach zu verstehender vierdimensionaler Kosmos ergibt, die Raum-Zeit..

In den Betrachtungen von Burkhard Heim kommen zu den vier Dimensionen noch zwei weitere Koordinaten hinzu, die er verborgene Koordinaten nennt. Bezeichnet man die Raum-Zeit-Koordinaten mit den Kürzeln x1, x2, x3 (diese sind untereinander austauschbar, aber nicht mit der folgenden Koordinate) und die Zeitkoordinate x4, so ergeben sich zwei weitere Koordinaten x5 und x6.

Wenn wir den ersten vier Koordinaten die Bezeichnung Physische Seins-Schichten geben, so haben wir es bei den Koordinaten x5 und x6 mit den Biologischen Seins-Schichten zu tun.

Es ist schwer, die Inhalte dieser verborgenen Schichten zu beschreiben, daher muss man sie umschreiben: Die erste verborgene Koordinate nennen wir die Biosphäre oder Vitalsphäre oder Form-Präge-Kraft.

Haben Sie sich, verehrte Leser, nicht schon mal darüber gewundert, dass aus einem Hühnerei immer ein Hühnerküken und kein Entenküken schlüpft? Und dass aus einer befruchteten menschlichen Eizelle immer ein menschliches Wesen entsteht?

Das ist doch nicht selbstverständlich! Aber die sogenannten Form-Präge-Kräfte sorgen für eine gewisse Kontinuität der Form. Das heisst, eine Pflanze, ein Tier und auch der Mensch wachsen in ein präformiertes Muster, in ein energetisches Feld, hinein. Im Samenkorn ist bereits das Bild der fertigen Pflanze enthalten. In alten, aber auch in neueren Schriften spricht man vom feinstofflichen Körper.

Verständlicher wird diese Art der Betrachtung, wenn man in Erwägung zieht, dass in jeder menschlichen Zelle in jeder Sekunde rund 20.000 oder mehr biochemische Reaktionen stattfinden.

Ein Riesengewimmel auf kleinstem Raum. Da aber der Mensch lebt und „funktioniert", muss es eine steuernde Instanz geben, die in der Lage ist, den Überblick über das Bio-Labor Einzelzelle bzw. über alle Zellen zu behalten.

Gewiss werden manche Skeptiker sagen, der Mensch hat doch ein autonomes Nervensystem, das alles überwacht und steuert. Ganz richtig, aber wer lenkt und steuert das? Weder mit dem Intellekt noch mit dem Gefühl ist das möglich.

Es geht ja nicht um eine einzige Zelle – das Wesen Mensch hat davon rund 6 – 7 Billionen. Das verdeutlicht noch einmal diese ungeheuer komplizierte Geschehen in allen Lebewesen, wo alles ineinander greifen muss und alles miteinander verbunden ist.

Der englische Biologe Rupert Sheldrake hat für diese „Eigenschaft" den Begriff der morphischen oder besser morphogenetischen Felder geprägt.

Diese Felder treten als Formungsprinzipien oder Formungsprozesse organischer Strukturen auf bzw. als Gestaltungsprinzipien der Natur.

Im gewissen Sinn haben wir mit diesen morphogenetischen Feldern einen leisen Übergang oder eine leichte Überschneidung zum nächsten Bereich.

Die Koordinate x6 verständlich zu beschreiben wird noch viel schwieriger.

Sie ist eine Art Selektor, eine Schaffenssteuerung, die aus der Welt des potentiell Möglichen nur das in die Form und in die Zeit entlässt, was zeitadäquat ist und nicht den Ablauf der Entwicklung stört. Im Grund ist das Bild des Menschen in tausend Jahren schon im Weltenplan enthalten, kann aber jetzt in der Welt der Formen noch nicht real werden, weil – um es menschlich verständlich zu formulieren – die Zeit noch nicht reif dafür ist.

Wer oder was bestimmt aber, was jeweils in der Zeit realisiert werden kann oder soll?

Wir wissen es nicht.

Und was für manch einen nur schwer nachvollziehbar ist: Wir können uns diese zukünftigen Bilder im Hier und Jetzt noch nicht anschauen.

Alles hat eben seine Zeit. Ein ebensolches Zeit-Paradoxon wäre es, würde ein heutiger Mensch mit einer Zeitmaschine zurück in die Welt der Neandertaler störend eintauchen.

Das Buch von H.G.Wells über den Zeitreisenden ist sicher vielen bekannt.

Über diesen Dimensionen liegen weitere Dimensionen, die aber physikalisch leer sind, also mit mathematischen Formeln nicht erfassbar sind.

Es sind die Bereiche Psyche und Geist, die allerdings im Menschen beispielsweise mit allen anderen Seins-Schichten verknüpft sind und nicht isoliert gesehen werden können.

Die Hierarchisierung ist damit aber nicht zuende. Es gibt weitere Seins-Bereiche, die aber dem Menschen völlig verborgen bleiben, von ihm jedoch eventuell in Phasen tiefer Meditation erahnt oder erfühlt werden können. Burghard Heim nennt sie physikalisch „leer".

Hier und nur hier dürften die „Gründe" und „Ursachen" für die Entstehung und Erschaffung unserer Welt, unseres Universums zu finden sein.

Nun wird auch verständlich, wie simpelst solche Denkvorstösse wie „Die ersten drei Minuten“ sind und bleiben werden.

Das Numinose entzieht sich solchen banalen Annäherungen und bleibt sämtlichen Erklärungen und Deutungsversuchen des Zentimeter-Gramm-Sekunde-Denkens verborgen. Wir werden darauf noch einmal vorsichtig eingehen.

***

Ich habe das große Glück gehabt, Burghard Heim persönlich kennen zu lernen. Im 2. Weltkrieg sind ihm bei einem Laborversuch beide Unterarme abgerissen und das Augenlicht stark beeinträchtigt worden. Wir hatten ihn zu einem Vortrag bei einem der CoMed-Kongresse eingeladen. Es war ein spannender, fesselnder Vortrag. Ich habe als Moderator abends mit ihm noch zusammen gesessen: Ein bewundernswerter Mann mit viel Humor.

Eine ferne unbekannte Welt

Das Rätsel der Schwarzen Löcher

In den letzten Jahren ist immer wieder von den geheimnisvollen Schwarzen Löchern zu hören und zu lesen.

Es erzeugt so ein Gefühl der Unheimlichkeit, dass da oben im Kosmos irgend etwas existieren soll, dass wie ein Ungeheuer alles in seiner Nachbarschaft verschluckt.

Wie bilden sich diese Schwarzen Löcher?

Welche Funktion haben sie?

Was geschieht mit der Materie, die in ihrem Inneren verschwindet oder angeblich verschwindet?

Mit den Schwarzen Löchern scheint es ähnlich zu sein wie mit der Dunklen Materie. Es gibt viele Theorien. In einigen Büchern, auch von namhaften Autoren, habe ich Erklärungen darüber gelesen, die alles andere als verständlich waren, ja zum Teil mir regelrecht verworren erschienen, als ob der kosmologische Autor sich sein „Unwissen“ nicht eingestehen wollte

Ich habe den Eindruck, der Kosmos, wenn ich ihn mal personifizieren darf, möchte doch noch einige Geheimnisse für sich behalten. Die Astrophyiker brauchen ja auch noch ein paar Aufgaben, mit denen sie ihre Daseinsberechtigung legitimieren können.

Honny soit qui mal y pense!

.

Die Protonen-Mörder

Im Kernforschungszentrum CERN am LHC (Large Hadron Collider) werden Elementarteilchen mit hoher Geschwindigkeit durch einen zirkulären Tunnel gejagt, wo sie mit anderen Elementarteilchen kollidieren und in viele Einzelteile zerplatzen. Um die Flugbahn und die Fluglänge der entstandenen Splitter sichtbar zu machen, hat man sogenannte Nebelkammern eingerichtet, in denen sich die Spuren der auseinander stiebenen Einzelteile abzeichnen.

Mit diesen Riesenapparaturen versuchen sie die Geheimnisse der Materie aufzuspüren.

Gut, man hat heraus gefunden, dass die Nukleonen noch kleinere Bestandteile haben, die sogenannten Quarks und die wiederum aus Leptonen bestehen.

Diese Methode erscheint etwas fragwürdig, da man nur durch Zerstörung Erkenntnisse gewinnen will. Es geht immer um Zerstörung, aber nicht um Synthese. Aus diesen vielen Einzelteilchen werden die dort beschäftigten Physiker nie wieder etwas Ganzes erstellen können.

Sinnvollerweise nennen sich die Physiker auch Teilchen-Physiker.

Aber das Ganze ist immer mehr als die Summe seiner Einzelteile.

Man muss sich fragen, was haben diese hochbezahlten Fachleute eigentlich bis heute an für die Menschheit wichtigen und entscheidenden Erkenntnissen gewonnen?

Auf einer medizinischen Veranstaltung wurde der eingeladene Fachmann gefragt: „Wem nützt das Ganze eigentlich?“ Seine ehrliche Antwort war: „Niemandem!“

Am liebsten möchten sie einen noch viel größeren Beschleunigungsring bauen lassen, um die Elementarteilchen vielleicht mit ein paar mehr Prozent Geschwindigkeit durch die Röhre zu jagen. Mit Sicherheit käme nicht allzu viel mehr dabei heraus. Vielleicht eine Nebelbahn mehr!

Etwas zynisch habe ich einmal gesagt bzw. habe ich einmal gewagt zu sagen: Diese Herren dort haben in ihrer Jugend die Phase der elektrischen Spielzeug-Eisenbahn verpasst oder übersprungen und versuchen vieles nachzuholen oder sich jetzt im Großen zu betätigen.

Fazit: Durch Zerstören und Zertrümmern kann man nie das Wesen der Materie ergründen. Es bleiben immer nur Trümmer übrig. Aus denen ist niemals wieder etwas Ganzes rekonstruierbar.

Die vorsokratischen Philosophen Leukipp und Demokrit, die den Namen *Atom* geprägt haben (von griechisch *atomos* - nicht weiter teilnar) haben nichts zertrümmert, sondern durch Nachdenken und Überlegen ihre Kenntnisse in die Welt gesetzt,

Wie kommt das Wasser in unsere Welt?

Wir wissen um die Wichtigkeit des Wassers. Ohne Wasser gäbe es kein Leben. Die Erde wäre ein wüster, trockener Planet ähnlich wie der Mars, obwohl Wissenschaftler auf Grund der dortigen Oberflächenstrukturen meinen, er wäre früher einmal mit Wasser bedeckt gewesen. Bei den anderen Himmelskörpern unseres Sonnensystems soll flüssiges Wasser in Spuren vorhanden sein, so am Südpol des Mondes und vermutlich unter der Oberfläche des Jupiter-Mondes Europa und des Saturnmondes Enceladus. Die Sonde „Heuygens“ hat flüssige Seen auf Titan, dem grössten Mond des Saturn, gezeigt, aber nicht aus Wasser, sondern aus Methan.

Auf den anderen Planeten dürfte das Vorkommen von Wasser in jeglicher Form illusorisch sein. Bei unserem Nachbarplaneten Venus hatte man früher ein tropenähnliches Klima vermutet, bis die ersten Sonden das Gegenteil bekundeten.

Bei den großen Gasplaneten Jupiter, Saturn, Uranus und Neptun ist das Vorkommen von Wasser im höchsten Grade unwahrscheinlich. Beim Pluto, den die Astronomen den Astrologen als achten Planeten geraubt und zum Zwergplaneten degradiert haben, könnte es Eis geben, aber in dieser Sonnenferne hat das Leben wenig Chancen..

Wasser – obwohl es so ein einfaches Molekül aus zwei verschiedenen Atomen ist – ist unabdingbar für sämtliche Stoffwechselprozesse bei allen Lebewesen im Wasser und auch bei all jenen, die im Rahmen der Evolution den Sprung aus dem Wasser ans Land geschafft haben.

Wasser ist H_2O, also zwei Atome Wasserstoff und ein Atom Sauerstoff.

Wasser bedeckt sehr große Teile unseres Planeten.

Wir wissen aber nicht woher es stammt. Denn in der Frühzeit der Erde war sie heiss, ja sogar glühend heiss. Die Vulkane der Erde, die uns ab und zu an diese Frühphase der Erde erinnern, zeugen davon. Und Hitze und Wasser sind nur eingeschränkt miteinander verträglich.

Aber irgendwie und irgendwoher muss das Nass gekommen sein.

Manche Autoren behaupten, Kometen hätten das Wasser auf die Erde gebracht. Eine These, die absolut unglaubwürdig ist, denn

1. Wie sollte sich ausgerechnet auf einem Kometen, diesen Vagabunden des Sonnensystems, Wasser gebildet haben und

2. Kaum denkbar, dass Kometen das Wasser in solchen Mengen transportiert haben könnten.

Daher wieder eine der vielen Fragen:

Wie kommt Wasser aus einem primär lebensfeindlichen Umfeld unseres Sonnensystems überhaupt und in solchem Umfang auf unsere Erde und sorgt hier für eine lebensfreundliche Innen- und Aussenwelt??

Wir wissen es nicht!

Tagesverlauf in einer fremden Welt

Aber wir wissen eines: Die ersten Formen von Leben, wie wir es kennen, sind im Wasser entstanden, denn nur in einer solchen Umgebung waren die Voraussetzungen dafür geschaffen.

Wasser und Leben

Wasserstoff und Helium sind wohl die ersten Atome, die entstanden sind. Diese beiden Atome allein dürften kaum zur Entstehung von Leben ausgereicht haben. Ein paar mehr, das zeigt uns unsere Biochemie, sind augenscheinlich erforderlich gewesen.

Wie kommt es jetzt zur Ausbildung grösserer Atome wie Kohlenstoff, Silicium und Eisen. Oder gar Uran?

Wir wissen es nicht!

Eines dürfte dabei unzweifelhaft geholfen haben: Energie!

Jetzt wieder eine neue Frage: Gab es eine Notwendigkeit, nicht mit diesen einfachen Atomen „zufrieden" zu sein. Stand hinter allem so etwas wie ein mystisches Drängen nach mehr Komplexität, nach einem „Weiter"?

Wir wissen es nicht!

Sobald Wasser auf dieser Erde existierte, dann sind wir in der Entwicklung der gewaltigen Vielfalt unseres Planeten ein gehöriges Stück vorangekommen.

Kann es daher sein, dass Einwirkungen von Außen wie Licht, radioaktive Strahlung, Blitzeinschläge, Magnetismus, Elektrizität, Energie durch Blitzentladungen oder was immer es gewesen sein mag, auf einzelne Atome und Moleküle, die sich bis dahin gebildet haben könnten, eingewirkt haben, so dass sich größere Molekülkomplexe gebildet haben.

Wie es dann aber bis zu hoch molekularen Strukturen wie beispielsweise Aminosäuren oder gar einer DNS gekommen ist?

Wir wissen es nicht?

Die nächsten Entwicklungsstufen sind noch viel mysteriöser.

Wie kam es, dass die bislang herumvagabundierenden Molekülkomplexe sich gruppierten und eine Wand um sich bildeten: Eine Art Individualisierung, der Schritt zur Zelle. Bestimmte Stoffwechselvorgänge dürften in diesen Zellen bereits abgelaufen sein. Aber der Schritt zum Leben war noch gewaltig!

Wie konnten nun diese Zellen miteinander kommunizieren? Wie konnten sie sich vermehren?

Wie kam es zu einer Art-Erhaltung?

Wir wissen es nicht!

Aber trotzdem waren dies aus jetziger Sicht die ersten bescheidenen Anfänge bis zur Entwicklung des Menschen nach Millionen von Jahren.

Denn eine der Eigenschaften oder Errungenschaften dieser Zellen war die Möglichkeit zur Vermehrung. Eine geheimnisvolle Lenkung sorgte offenbar dafür, dass die erreichten Ziele, wenn es denn so etwas wie eine Zielvorgabe gab, nicht im Sande verliefen sondern Bestand und Zukunft aufwiesen.

Welche einzelnen Schritte und welche Irrwege erfolgten, ist vom Heute aus nicht immer nachzuvollziehen. Uns fehlen oft die Zwischenschritte der Evolution. Alles was entstand musste sich auch „beweisen“ und als „passend“ für die vorliegenden Umstände zeigen. Viele Schritte erwiesen sich als zukunfts-ungeeignet und wurden daher „aussortiert“. Es ist also denkbar, dass das Leben auch in manchen Sackgassen endete und einen neuen Anfang suchen musste.

Der große Exodus aufs trockene Land

Wie geschildert, entwickelte sich das Leben auf irgendwie mysteriöse Weise im Wasser. Und irgendwann nach Millionen von Jahren trat ein neues bewegendes Ereignis ein: Aus dem Meer heraus entstand der Drang hinaus aufs Land.

Im nächsten Kapitel werden wir sehen, dass das Leben zwei große Richtungen einschlug.

Daher hier erst mal unsere hypothetischen Vorfahren der Beweglichkeit.

Wieso kam es zu diesem „Willen“ zur Veränderung?

Wir wissen es nicht!

Die Lebewesen hatten es im Meer doch so „gemütlich“. Alles schwamm um sie herum. Von der Aufnahme der Nahrung bis zum Ausscheiden gab es keine Probleme! Sie hätten doch getrost in diesem für sie optimalen Milieu verharren können.

Aber trotzdem gab es einen geheimnisvollen Impuls, das so sichere Umfeld zu verlassen.

Woher der kam?

Wir wissen es nicht!

Es gab noch keine Organe, die den Sauerstoff verwerten konnten, keine Lungen. Und keinen adäquaten Blutkreislauf. Die mussten sich erst noch entwickeln. Man brauchte bestimmte Organe oder Gliedmaßen für eine Bewegung, und war diese auch noch so kurz und eingeschränkt. Also man unterlag zuerst nach einem kurzen Ausflug aufs Land dem Zwang, schnell wieder ins heimatliche Meer zurück zukehren. Millionen von Lebewesen sind dem Abenteuer „Drang ans Land“ zum Opfer gefallen, sind auf der Strecke geblieben.

Aber die Natur, die Evolution, hat auch diesen schweren Opfergang, wie wir wissen, mit Bravour gemeistert.

Wir Menschen sind die späten Nachkömmlinge dieser Wanderung.

Die große Trennung

Das Leben schien jetzt nach dem teilweisen Auszug aus dem Wasser – viele Lebewesen zogen den weiteren Aufenthalt im Wasser vor - in der neuen Umgebung zwei Hauptrichtungen einzuschlagen. Auf der einen Seite den Weg der Mobilität, also Formen des Lebens, die die Fähigkeit besaßen, ihren Standort zu wechseln. Also Würmer, Insekten, Tiere. Der zweite Weg war die Immobilität, das Einhalten eines Standortes. Es sind die Pflanzen und Bäume.

Wir wissen nicht, welcher Weg der erste war.

Sicher werden sich im Wasser bereits Vorläufer der Pflanzen gebildet haben.

Wie und mit welchen Mühen sie den Weg ans Land geschafft haben und sich dort stabilisiert und etabliert haben?

Wir wissen es nicht!

Es besteht die Möglichkeit, dass aus den beweglichen Individuen einige sich dann doch wider Erwarten auf dem Land „häuslich" nieder gelassen haben oder dass durch Überschwemmungen als Vorläufer der Ur-Pflanzen an Land gespült wurden. Aber das sind nur vage Vermutungen, den es gibt keine feststellbaren Zwischenstationen, die uns nähere Auskunft erteilen könnten.

Ein genialer Schachzug der Natur oder besser der Evolution!

Der Zug vom Wasser aufs Land war ja mit vielen Schwierigkeiten verbunden. Leben erfordert Energie, um all die Zellen zu ernähren, aus denen die Lebewesen bestehen.

Bei den Pflanzen war es etwas einfacher, sie steckten in der Erde und konnten so mit Hilfe von Wasser die Nahrung mit ihren Wurzeln aus der Erde beziehen.

Bei den Lebewesen, die den Gang an Land geschafft hatten, wurde es etwas komplizierter.

Die Pflanzen beziehen ihre Nährstoffe und Baustoffe und damit ihre Energie aus der Erde, in der sie wachsen und aus der Luft. Natürlich spielt das Wasser, quasi als Andenken an die frühere Heimat, noch immer eine große Rolle.

Sämtliche beweglichen Lebewesen müssen ja ebenfalls für ihre Ernährung etc sorgen.

Der Natur oder besser der Evolution, wenn man sie einfach mal personalisiert, ist da ein genialer Schachzug gelungen.

Wie es genau dazu kam?

Wir wissen es nicht!

Die mobilen Lebewesen haben das Erdreich, aus dem die Nährstoffe bezogen werden können, einfach im Laufe der Jahrmillionen in sich hinein gestülpt.

Es ist der Darm.

Der Darm bietet den Lebewesen an Land die Möglichkeit der räumlichen Veränderung, unter anderem auch für die Suche nach Nahrung. Nicht nur das: Auch für die Möglichkeit der Partnersuche.

Es gibt noch eine Gemeinsamkeit mit den Pflanzen. Wenn eine Pflanze, man denke an den eigenen Garten, zu lange auf einem Standpunkt verweilt, dann ist der Erdboden „verbraucht“ und man muss mit Dünger oder genügend Licht nachhelfen, damit die Pflanze nicht eingeht.

Die mobilen Lebewesen müssen ständig dafür sorgen, dass der Darm immer ausreichend passende Nährstoffe zugeführt bekommt, damit der Körper leben und überleben kann.

Und was man nicht vergessen darf: Er muss auch wieder entleert werden.

Es besteht trotz der Trennung noch immer eine enge Verbindung zwischen den beiden Entwicklungslinien. Die Pflanzen brauchen unbedingt CO_2 um ihr Kohlenstoffgerüst aufzubauen. Dafür geben sie Sauerstoff ab, der wiederum für alle „gelandeten“ Lebewesen von essentieller Bedeutung ist.

Sand – Zeit – Vergänglichkeit

Der Besuch einer Ausstellung zum Thema Sand hat mich bewogen, dieses interessante Thema noch in dieses Buch aufzunehmen.

Irgendwie haben die Begriffe Sand – Zeit – Vergänglichkeit einen Bezug zueinander.

Man denke an die Sanduhr, an der man im Kleinen das Thema Zeit deutlichst ablesen kann, wenn sich der obere Bereich, der das Leben symbolisiert, leert und alles in den unteren Bereich abgleitet.

Sand hat so etwas zu tun mit dem Eindruck eines vorläufigen Endstadiums, da wir nicht wissen wie es weiter geht.

Jeder Mensch hat sicher bei dem Thema Sand andere Assoziationen.

Man denkt an die Wüste Sahara. Kinder denken an den Sandkasten, später nach einem Urlaub an die Sandstrände.

Ich persönlich erinnere mich an die persische Wüste Lut und auch an die geodrosische Wüste im Süden Pakistans, durch die Alexander der Große verlustreich nach Westen in Richtung Babylon zog.

Besonders eindrucksvoll war für mich die Namib-Wüste, wie es heisst, eine der ältesten Wüsten der Welt. Daher die drei Bilder auf diesen Seiten.

Dieses Buch steht unter dem Dach-Thema „Fragen".

Daher auch an dieser Stelle wieder:

Wie entsteht der viele Sand? Und wo kommt er her?

Sand ist ja immerhin nach Wasser der zweitwichtigste Rohstoff der Welt und bestimmt weitgehend die Lebensbedingungen von einem Großteil der Weltbevölkerung. Denn ohne Sand gäbe es keine Wohnung, kein Zuhause, und sei es noch so einfach.

In der Alltagssprache gehen wir ganz leger mit dem Wort Zeit um.

Wenn etwas nicht so läuft wie man möchte, dann ist eben Sand im Getriebe.

Und wenn Kinder nicht schlafen können, dann muss eben das Sandmännchen aushelfen.

Ich übergehe an dieser Stelle einmal die sicher vielen verschiedenen chemischen Zusammensetzungen von Sand und nehme das Wort Sand exemplarisch für alle Sorten.

Man ist geneigt zu sagen, Sand ist zerriebener und zermahlener Fels.

Dann muss man sich fragen, hat die Zeit von Millionen Jahren ausgereicht, um mit Hilfe von Sonne, Wind und Wasser so viel Gestein zu Sand zu zerkleinern, also in kleinste Bestandteile zu zerlegen?

Wir können die Sandkörner in die Hand nehmen und aus unserer Hand herausrieseln lassen.

Wie klein kann ein Sandkorn noch weiter werden?

Kann es noch weiter bis auf atomare oder molekulare Größe zerrieben werden, so klein dass es mit dem bloßen Auge nicht mehr sichtbar ist?

Kommen wir vom Kleinen zum Großen.

Wie und wann sind die Berge entstanden?

Um auf der Erde zu bleiben: Die früheren glutheissen Massen kühlten sich ab, so sagt man, und es bildeten sich feste Strukturen. Hinzu kommen noch Vulkaneruptionenm, die Glutmassen aus dem Erdinneren an die Oberfläche brachten.

Aber bei diesen Frage stoßen wir wieder auf die Fragen wie Materie entstanden ist und wären damit wieder am rätselhaften Anfang.

Bilder von der Namib-Wüste

Kommunikation mit und unter Pflanzen

In dem Kapitel „Die große Trennung“ wurde die Trennung zwischen mobilen und feststehenden Lebewesen besprochen.

Jetzt liegt die Frage auf der Hand: Haben die Pflanzen das schlechtere Los in der Lotterie der Evolution gezogen. Sind ihnen also im Gegensatz zu den Mobilitätsgewinnern in jeglicher Form solche Geschenke wie Sehen, Hören, Fühlen, Schmecken usw. nicht zugeteilt worden?

Gibt es für sie keine Möglichkeit sich auszutauschen oder in Kommunikation mit Pflanzen aus der gleichen Gattung oder gar mit Tieren oder Menschen zu treten?

Um ein Besipiel zu nennen: Man sagt Menschen nach, bei denen die Pflanzen besonders gut gedeihen, sie hätten einen „Grünen Daumen“. Sie könnten sich mit den Pflanzen unterhalten, sie gar loben und auch mal streicheln, wenn sie gut gewachsen und schön am Blühen waren.

Kann es also sein, dass diese „Pflanzenflüsterer“ die Gabe haben, sich den Pflanzen auf ihre Weise verständlich mitzuteilen?

Wie Pflanzen auf Menschen reagieren wird besonders beeindruckend in dem Buch „Das Geheime Leben der Pflanzen“ beschrieben.

Die Geschichte geht zurück auf einen Angestellten, Cleve Backster, der sich mit Lügendetektoren befasste. Er unterrichtete Polizei- und Sicherheitsfirmen-Angestellte. Eines Morgens hatte er eine Idee: Er befestigte die Elektroden seines Galvanometers an den großen Blättern eines Drachenbaumes, der bei ihm im Büro stand. Bei einer Wässerung zeigte das Messgerät – wie er vermutete – trotz der erhöhten Feuchtigkeit eine Abwärtslinie.

Messungen mit dem Galvanometer zeigten im Allgemeinen immer starke Reaktionen (eine Änderung des Widerstandes) wenn die Probanden beim Lügendetektor starke Emotionen oder Vorstellungen verspürten.

Backster führte seine Versuche weiter. Als er ein Blatt in eine Tasse heissen Kaffee steckte, erfolgte keine wesenswerte Reaktion am Messgerät. Aber zu seinem Erstaunen reagierte die Pflanze stark, als er nur daran dachte, ein Blatt zu versengen, und zwar sofort und ohne Zeitverlust.. Das zeigte sich schon, bevor er überhaupt das Streichholz entzündet hatte. Die Pflanzen reagierten auch auf Absichten, wenn er ausserhalb des Raumes war. Später führte er noch Versuche durch, in dem er die Pflanzen durch Blei oder Faradaysche Käfige abschirmte. Auch dann konnten die Pflanzen die „Gedanken“ lesen und reagierten auf Absichten..

Da ja die Pflanzen weder Augen und Ohren hatten, weder schmecken noch fühlen konnten, vermutete Backster, dass diese Art von Kommunikation über andere, noch unbekannte Wege zu erfolgen schien. Er wehrte sich aber gegenüber der Unterstellung, alles beruhte auf aussersinnlicher Wahrnehmuug.

In diesem Zusammenhang möchte ich auf das Kapitel „Schneller als das Licht“ verweisen.

Dort geht es um hypnotische Befehle, hier sind es Gedanken, die Zeit und Raum ultraschnell durcheilen.

Nur als kurzer Anhang zu „Schneller als Licht“- Kommunikation unter Tieren

Bei diesem Thema möchte ich nicht auf Haustiere usw eingehen, sondern auf Phänomene, die den Betrachter immer wieder in Erstaunen versetzen.

Im Herbst nach Süden und im Frühjahr nach Norden ziehen die Kraniche in großen Formationen über uns hinweg. Erstaunlich wie sie die Ordnung, meist in Pfeilform, beibehalten ohne das zwei Vögel zusammenstoßen.

Aber noch beeindruckender sind sind die Riesenvogelschwärme, die man oft im Fernsehen sieht. Der ganze Schwarm scheint wie eine Einheit zu wirken, sämtliche Kurven vollzieht der gesamte Schwarm, ohne dass auch nur einer ausschert, weder an den Seiten noch am Ende.

Womit mögen diese Vögel kommunizieren, denn die Verbindung muss offenbar in Bruchteilen von Sekunden erfolgen? Oder doch anders?

Die Wissenschaftler sprechen von Schwarmintelligenz.

Kann es ein ähnliches Prinzip sein wie es in „Schneller als Licht“ beschrieben wurde?

Ist es ein geistiges Prinzip, das alle Mitglieder des Schwarmes miteinander, nicht in Sekundenbruchteilen sondern ohne Zeitverlust miteinander verbindet?

Ähnliche Phänomene gibt es auch bei kleinen Fischen, die als riesige Formationen durch das Meer ziehen und mit ihrer beispiellosen Kommunikation sogar angreifende Raubfische verwirren oder gar abschrecken.

Das Universum bringt mich in Verwirrung, ich kann nicht verstehen, wie ein solches Uhrwerk bestehen kann ohne einen Uhrmacher.

Voltaire

Fast am Ende: Sieben Punkte zum Nachdenken

Am 8, Juli 1880 hielt der Physiologe und Philosoph Emil Dubois-Reymond (1818 – 1896) vor der Akademie der Wissenschaften eine beachtenswerte Rede, die als Ignorabimus-Rede in die Annalen der Kulturgeschichte eingegangen ist.

In dieser Rede erwähnte er sieben Welträtsel, die seiner Ansicht nach unlösbar seien.

1. **Das Wesen von Kraft und Materie**
2. **Der Ursprung der Bewegung**
3. **Die Sinnesempfindungen**
4. **Die Willensfreiheit**
5. **Die Entstehung des Leben**
6. **Der Zweck der Natur**
7. **Denken und Sprache**

Er hatte schon vorher in einer Rede über die Grenzen der Naturerkenntnis zu diesen Themen eine Formulierung gebraucht

„Ignoramus et ignorabimus“

Wir wissen es nicht und wir werden es nicht wissen

Das sind keine resignierenden Worte, sondern Worte aus tiefer Erkenntnis.

Der erste Trunk aus dem Becher der Naturwissenschaft macht atheistisch, aber auf dem Grunde des Bechers wartet Gott

Werner Heisenberg, Nobelpreisträger für Physik

Schluss-Gedanken

Die diversen Kapitel dieses Buches sind gefüllt mit Fragen, hinter denen oft der Passus steht „*Wir wissen es nicht*".

Es sind Fragen bei denen häufig die Naturwissenschaft mit den ihr zu Verfügung stehenden Mitteln, die in der Regel aus dem cgs-System (Zentimeter-Gramm-Sekunde) und dem entsprechenden Denken, stammen, keine Antwort weiss.

Aber eines der Medien, die dem aufgeschlossenen Menschen zur Verfügung stehen, ist eine Frage oder Fragen zu stellen. Eine der häufigsten vorangegangenen Situationen könnte das „Sich Wundern" oder das „Staunen".nach sich ziehen.

Ein kleiner persönlicher Einschub: Ich habe in den Achtziger Jahren einmal eine Woche in Moskau im Zentralinstitut für Reflexzonentherapie gearbeitet, um russische Ärzte in die modernen Diagnose- und Therapieformen der Biophysik und der Naturheilkunde zu informieren. Am Abend nach meiner Tätigkeit unterhielt ich mich oft mit dem Leiter des Instituts. Einen Satz von ihm habe ich nie vergessen. Er sagte: Wir Menschen sind wie Ameisen in ihrem Haufen. Wenn jetzt ein Mensch kommt und mit dem Stock im Haufen herumrührt, dann spüren die Ameisen zwar, dass etwas geschieht, sie durchschauen aber die Ursache nicht. Geht es uns nicht auch oft so?

Die Welt bietet uns tagtäglich so viele Geschenke, so möchte ich sie einmal nennen. Eine der natürlichsten Reaktionen auf solche Geschenke ist doch, wenn man es einmal bildlich sieht, dass man sie auswickelt oder auspackt, wobei mir für dieses Buch das Wort „Auswickeln" passender erscheint, wie wir gleich sehen werden.

Das Wort Evolution kommt aus dem Lateinischen „evolvere" . auswickeln.

Wir haben das Thema Gravitation besprochen, von der niemand weiss, wo sie herkommt und was sie vom Wesen her eigentlich ist. Dabei unterliegen wir ihr von der Geburt bis zum Tod.

Die Nukleonen, also die Bestandteile des Atoms, rotieren und wir haben gemäss Woltersdorf die Vermutung angeschnitten, dass es die Gravitation ist, die diesen „Lebensprozess" unterhält.

Die ganze Welt, also die gesamte Materie, besteht aus Atomen. Jeder Stein lebt auf diese Weise, denn er ist keine tote Materie, wie wir immer so leichtgläubig vermuten, sondern er „lebt" durch seine Atome. Jeder Tropfen Wasser enthält Millionen von Atomen, die sich hier zu Molekülen „verbrüdert" haben und dem Wasser seine Eigenschaft einprägten.

Jeder Mensch besitzt Billionen von Zellen, die sich wiederum aus verschiedenen Grundmolekülen zusammen setzen, deren Einzel-Atome durch die mysteriöse Gravitation sich mehr oder weniger harmonisch zu einer höheren Instanz verbunden haben.

Wir haben gesehen, dass es in diesem Universum ein rätselhaftes Phänomen gibt, die das gesamte Universum durchpulst und wahrscheinlich auch am Leben erhält.

Wir wissen nicht, wo es herkommt. Es ist einfach da.

Daher nun meine ganz bescheidene, fast demütige Frage:

Könnte es sein, ganz vorsichtig anklingend, dass Gott, der Schöpfer, sich mit diesem Phänomen, das wir so einfach Gravitation nennen, in dieses Universum eingebunden hat?

Es zum Leben erweckt hat? Und es unaufhörlich unterhält und erhält?

Und zu Beginn Materie und Zeit geschenkt hat damit diese Welt entstehen kann.

In allem Streben und Forschen sehe ich hinter dem Geheimnis des Lichtstrahls ehrfürchtig das Geheimnis des göttlichen Geistes

Max Planck, Begründer der Quantentheorie

Das Ende

Das Wort Ende hat in diesem Zusammenhang so einen dramatischen Klang, so etwas Unabänderliches, so etwas Endgültiges.

Um dem ein wenig diese Dramatik zunehmen sei eine kleine humorvolle Geschichte erwähnt:

Nach einem öffentlichen Vortrag über das Sonnensystem und dessen vermutliches Ende, stand ein Zuhörer auf und fragte: Sie haben vorhin über das Ende des Sonnensystems und der Erde gesprochen. Und wann sollte das noch passieren?

Die Antwort: In einigen Milliarden Jahren!

Der Fragende: Dann bin ich ja beruhigt, ich dachte schon in einer Million Jahren!

Auch wenn im Titel steht „Anfang und Ende" kann man zu dem zweiten Wort nur wenig aussagen, daher besteht der Inhalt nur aus dem Bereich, der sich ab dem Anfang, was immer das gewesen sein mag, abgespielt hat.

Prognosen abzugeben ist immer gefährlich, man kann sich schnell lächerlich machen, weil es meistens anders kommt.

In die Zukunft schauen kann niemand, schon gar nicht über längere Zeiträume.

Und gar über ein Ende dieses Universums zu spekulieren, halte ich für eine grenzenlose Anmaßung.

Machen wir also aus der Zeit, unserer Lebenszeit, das Beste, was uns möglich ist. Das soll uns aber nicht hindern, Fragen zu stellen oder neugierig zu sein, auch wenn wir nicht immer die Antworten bekommen, die wir uns erwünscht haben.

Literatur

Blome, ; H.J.; Zaun,H.; Der Urknall, Anfang und Zukunft des Universums, C.H.Beck Wissen; 2994

Bojowald, Martin; Zurück vor den Urknall; Die ganze Geschichte des Universums, Fischer TB, 2009

Bryson, Bill; Eine kurze Geschichte von fast allem; Goldmann, 9. Auflage, 2005

Clarke, A. C,; Im höchsten Grade phantastisch; Ausblicke in die Zukunft der Technik; Fischer TB, 1969

Ditfurth H.v., Im Anfang war der Wasserstoff, Hoffman u. Campe, 1972

Ditfurth, H.v. Wir sind nicht nur von dieser Welt, dtv, 1984

Heim, Burkhard, Der kosmische Erlebnisraum des Menschen, Resch Verlag, 1982

Hesiod; Sämtliche Gedichte; Artemis Verlag, Zürich

Holzer, Hans; Das Seelenleben der Pflanzen; Goldmann TB; 12. Aufl. 1992

Hossenfelder, S.; Mehr als nur Atome; Was die Physik über die Welt und das Leben verrät; Siedler, 2023

Klein, St..; Die Tagebücher der Schöpfung; Deutscher Taschenbuch-Verlag, 2000/2004

Lesch, Gaßner, Urknall, Weltall und das Leben, Komplett Media, 2014

Lesch, H./Müller, J.; Sterne. Wie das Licht in die Welt kommt; Bassermann, 2023

Laszlo, E.; Kosmische Kreativität, Insel Verlag,1987

Löbsack, Th; Die Flucht der Milchstrassen, Goldmann, 1980

Pagels, H.R.; Die Zeit vor der Zeit; Das Universum bis zum Urknall, Ullstein; 1985

Rauchhaupt, Ulf von; der Neunte Kontinent; S. Fischer, 2009

Staguhn, Gerhard; Das Lachen Gottes, Der Mensch und sein Kosmos., Carl Hanser, 1990

Tompkins, C. u. Bird, C.; Das geheime Leben der Pflamzen, Fischer TB 1984

Volkmer, Dietrich; Die Schöpfung, Mythen und Märchen, Books on Demand, 2019

Volkmer, Dietrich; Der Mensch - Allein im Universum?; Reflexionen eines Erdenbewohners, Books on Demand, 3. erweiterte Aufl. 2022

Volkmer, Dietrich, Das Weltall, die Sterne und wir; Über die Welt in der wir leben, Books on Demand, 2021

Volkmer, Dietrich; Demokrit - Vom Mythos zur Atom-Theorie, Books on Demand, 2022

Weinberg, Störfeld.; Die ersten drei Minuten; Der Ursprung des Universums, dtv, 1980

Weinreb, F; Der göttliche Bauplan der Welt, 5. Aufl.; Origo-Verlag, 1978

Weinreb, F-; Schöpfung im Wort; Thaurus-Verlag, 1989

Woltersdorf, Hans Werner; Phänomen Schwerkraft, Das Medium mit dem wir denken, Walter Verlag, Olten, 1977

Woltersdorf, Hans Werner; Die Lösung der Sieben Welträtsel; Das Ende des wissenschaftlichen Materialismus; Argo, 2006

Woltersdorf, Hans Werner; Die Schöpfung war ganz anders; Irrtum und Wende, Walter Verlag; 1976

Woltersdorf, Hans Werner; Denn der Geist ist's, der sich den Körper baut; Langen Müller; 1991

Wunderli, E.; Phänomenale Schöpfung, Schwab Verlag, 1965

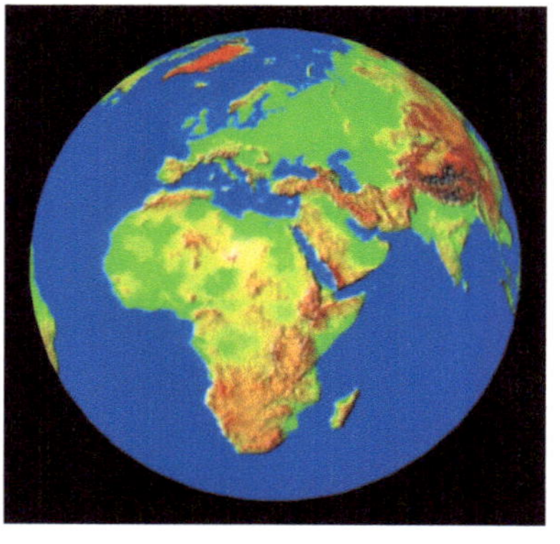

Zum Abschluss noch ein wenig Phantasie

Hypothetische Kugelwesen-Familie auf einem Planeten,

Aus dem Buch „Der Mensch allein im Universum?

Eine fiktive Oberfläche eines Planeten, der bewohnt sein könnte.

Einige Bücher des Autors

Demokrit
Vom Mythos zur Atom-Theorie
Verlag Books on Demand

Näheres unter

www.literatur.drvolkmer.de

Thales von Milet und die Vorsokratiker
Ein (fiktives) Symposium

Verlag Books on Demand

Näheres unter
www.literatur.drvolkmer.de

Alexander und Aristoteles
Eine späte Begegnung

Verlag Books on Demand

Näheres unter
ww.literatur.drvolkmer.de

Der Urknall
Eine Fiktion der Astrophysik

Verlag Books on Demand

Näheres unter
www.literatur.drvolkmer.de

Der Mensch
Allein im Universum?

Verlag Books on Demand

Näheres unter
ww.literatur.drvolkmer.de

Das Weltall, die Sterne und wir
Über die Welt, in der wir leben

Verlag Books on Demand

Näheres unter
ww.literatur.drvolkmer.de

63

D
er Erste Messias
Bildnis eines zu früh
Geborenen

Verlag Books on Demand

Näheres unter
www.literatur.drvolkmer.de

Griechische Momente
Eindrücke aus diversen Reisen nach Hellas

Verlag Books on Demand

Näheres unter
www.literatur.drvolkmer.de

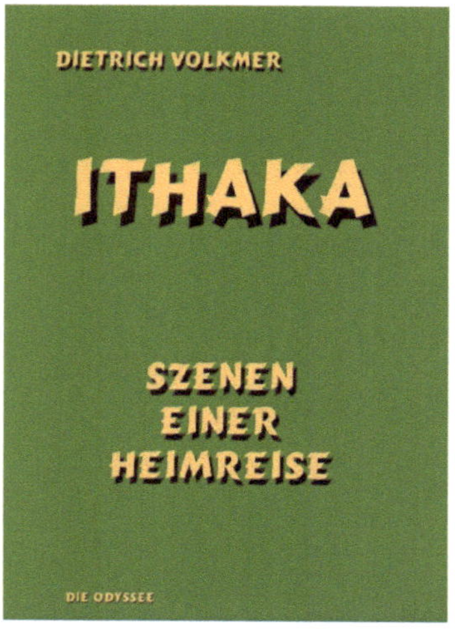

Ithaka
Szenen einer Heimreise
(aus der Odyssee)

Verlag Books on Demand

Näheres unter
www.literatur.drvolkmer.de

Mensch und Schlange
Freundschaft oder Feindschaft

Verlag Books on Demand

Näheres unter

www.literatur.drvolkmer.de

Gefangene der Zeit
Betrachtungen eines „Insassen"

Verlag Books on Demand

Näheres unter
www.literatur.drvolkmer.de

Die Schöpfung
Mythen und Erzählungen

Verlag Books on Demand

Näheres unter
www.literatur.drvolkmer.de

65

Das Aufbegehren
Von Prometheus bis Martin Luther

Verlag Books on Demand

Näheres unter
www.literatur.drvolkmer.de

Frankfurt und die Götter des Olymp
Ein fiktiver Besuch aus der Antike

Verlag Books on Demand

Näheres unter
www.literatur.drvolkmer.de

Aphrodite
Die geheimnisvolle Göttin
..... und sie entstieg dem Meer

Verlag Books on Demand

Näheres unter
www.literatur.drvolkmer.de